KB058056

꿰 매 는   생 활

TSUKUROU KURASHI

미스미 노리코 지음
방현회 옮김

오래오래 좋아하는 것을

�매는 생활

미늘

안녕하세요. 첫인사를 드리게 되었네요.

이 책을 집필하면서 '꿰매기'를 주제로

많은 분들의 옷과 추억이 깃든 물건들을 수선했습니다.

마치 바늘과 실을 손에 들고

여러분의 추억 속을 여행하는 듯한 행복한 시간이었습니다.

스민 얼룩, 어쩌다 생긴 구멍 하나···

굳이 그런 것들을 모두 꿰매지는 않았어요.

왜냐하면, 켜켜이 쌓아온 하루하루의 일상이

느껴지도록 수선하고 싶었거든요.

"이 배색이 좋아.", "너무 편해서 버리지 못하겠어."

그런 소소한 말 한마디를 떠올리며

'이렇게 하면 기뻐할까?' 하는 마음으로 수선을 해요.

그건 마치 선물을 고르는 것과 비슷해요.

감쪽같이 수선할 수 있는 마법의 기술은 전해줄 수 없지만,

그 어떤 날이 떠오르는

'증표'를 새기듯이 꿰매는 방법을 소개합니다.

이런 작은 아이디어가

여러분의 생활에 도움이 된다면 더없이 기쁠 것 같습니다.

미스미 노리코

----

contents

일러두기 。 　이 책에서 사용한 다닝 머시룸과 자수실은 DMC 제품입니다.

Part 1

//////////////////////////////////////

다닝 머시룸으로 양말 꿰매기

소모품으로 생각하기 쉬운 양말이지만, 뒤꿈치나 발바닥 이외에는 낡은 곳이 없는데 버리기는 아깝잖아요.

유럽의 전통적인 의류 수선 기법인 '다닝'으로 컬러풀하게 꿰매주면 새로 샀을 때보다 더욱 애착이 갈 거예요.

°**다닝Darning** ° 구멍 난 곳을 '꿰매다', '짜깁다'라는 뜻으로, 유럽의 전통적인 의류 수선 기법. 다닝 머시룸을 사용해 직물처럼 세로실과 가로실을 서로 교차시켜 엮어나가며 구멍을 메워주는 기법.-역주

꿰매기의 기본 기법

다 닝

다닝 머시룸을 사용해
뒤꿈치에 난 구멍을 꿰매보세요.
러닝 스티치의 모양에 변화를 주어
윤곽을 사각형으로 꿰맬 수도 있어요.

DARNING MUSHROOM

다닝 머시룸은 의류를 수선할 때 사용하는 도구로, 둥근 갓 부분을 구멍 아래쪽에 댄 다음 손잡이를 잡고 사용한다.(다닝 머시룸/DMC 주식회사)

매듭을 짓지 말고 실 끝을 7~8cm 남겨둔다.

양말 안에 다닝 머시룸을 넣은 다음 손잡이를 잡고 구멍을 살짝 벌린다. 털실을 돗바늘에 꿰고, 구멍보다 조금 더 크게 러닝 스티치를 한다(78쪽 참조).

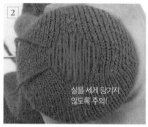

실을 세게 당기지 않도록 주의!

이어서 러닝 스티치한 부분의 조금 바깥쪽을 작게 한 땀 떠서 세로실을 건넨다. 세로실 사이의 간격은 털실 한 가닥 굵기를 기준으로 한다(78쪽 참조).

실을 세게 당기지 않도록 주의!

바탕천을 작게 한 땀 뜬다.

새로운 털실을 돗바늘에 꿰고, 오른쪽에서 왼쪽으로 세로실을 한 가닥씩 걸러가며 가로실을 통과시킨다. 왼쪽까지 세로실을 뜬 다음, 바탕천을 작게 한 땀 뜬 뒤 실을 당긴다(78쪽 참조).

3을 180도 돌린 뒤 바늘로 한 단씩 아래로 밀며 3과 같은 방법으로 가로실을 통과시켜 나간다.

바늘 끝으로 바늘땀을 정돈하며 메워나간다.

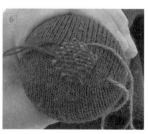

가로실을 윗부분까지 통과시킨 모습.

양말을 뒤집고, 바느질 끝부분의 털실을 안쪽 바늘땀 안으로 4~5번 통과시킨 뒤 실을 자른다. 시작 부분의 실도 같은 방법으로 처리한다.

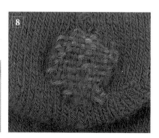

양말을 다시 뒤집는다. 가볍게 스팀을 가해 바늘땀을 정돈하고 완성한다.

How To Make

앞발바닥 • ① 구멍 둘레에 사각형으로 러닝 스티치를 한다. ② 세로실을 건넨다. ③ 가로실을 통과시킨다. ④ 안쪽에서 털실 끝을 처리한다. ⑤ 새로운 털실을 사용해 짧은뜨기를 코를 늘려가며 2단까지 뜬다. ⑥ 구멍 위에 ⑤를 올려놓고 공그르기를 한다.

뒤꿈치 • ① 짧은뜨기를 코를 늘려가며 6단까지 뜬다. ② 구멍 위에 ①을 올려놓고 자수실로 공그르기를 한다. ③ 앞발바닥 부분처럼 다닝을 한다.

발바닥 전체가 닳아서 해진 등산용 양말. 뒤꿈치에 난 구멍에는 짧은뜨기로 만든 패치를 덧대고, 앞발바닥 부분의 얇아진 부분에는 작게 다닝을 했어요. 일부러 왼쪽과 오른쪽에 다른 색상의 실을 사용했습니다.

꿰매는 방법
다닝 P.11·78, 짧은뜨기 P.87~89, 공그르기 P.77

뒤꿈치에는 짧은뜨기로 만든 원형 패치를 덧대고, 앞발바닥 부분에는 다닝을 했어요. 화학 염료를 사용하지 않은 고급 양모 양말이라서 감촉이 좋은털실로 부드럽게 마무리했습니다.

바탕천이 얇아진 발목의 뒷부분을 사각형으로 다닝을 했어요. 신발을 벗었을 때 살짝 보여도 귀엽도록 일부러 왼쪽과 오른쪽에 다른 색 털실을 사용하여 포인트를 주었습니다.

How To Make
/////////////////////////////

앞발바닥 • ① 구멍 둘레에 원형으로 러닝 스티치를 한다. ② 세로실을 건넨다. ③ 가로실을 통과시킨다. ④ 안쪽에서 털실 끝을 처리한다.

뒤꿈치 • ① 짧은뜨기를 코를 늘려가며 4단까지 뜬다 (왼발은 실 2가닥으로 짧은뜨기를 코를 늘려가며 4단까지 뜬다). ② 구멍 위에 ①을 올려놓고 털실로 공그르기를 한다.

꿰매는 방법 •
다닝 P.11·78, 짧은뜨기 P.87~89, 공그르기 P.77

① 구멍 둘레에 사각형으로 러닝 스티치를 한다. ② 세로실을 건넨다. ③ 가로실을 통과시킨다. ④ 안쪽에서 털실 끝을 처리한다.

꿰매는 방법 •
다닝 P.11·78

왼쪽 ◆ ① 구멍 둘레에 원형으로 러닝 스티치를 한다(뒤꿈치는 사각형으로 러닝 스티치).
② 세로실을 건넨다. ③ 가로실을 통과시킨다. ④ 안쪽에서 털실 끝을 처리한다.

꿰매는 방법 ◆ 다닝 P.11·78

가운데 ◆ ① 구멍 둘레에 원형으로 러닝 스티치를 한다. ② 세로실을 건넨다. ③ 가로실을
통과시킨다. ④ 안쪽에서 털실 끝을 처리한다.

꿰매는 방법 ◆ 다닝 P.11·78

오른쪽 ◆ ① 구멍 둘레에 사각형으로 러닝 스티치를 한다. ② 세로실을 건넨다. ③ 가로실
을 통과시킨다. ④ 안쪽에서 털실 끝을 처리한다.

꿰매는 방법 ◆ 다닝 P.11·78

왼쪽 앞발바닥 부분의 구멍은 원형으로, 발목 뒤의 해진 부분은 사각형으로 다닝을 했어
요. 발목 뒤에는 파란색과 회색 털실을 사용해서 바짓단 아래로 살짝 보여도 멋스럽도록 마무
리했어요.

가운데 '색이 너무 마음에 들어서 구멍이 났어도 버리지 못했다'고 하는 양말 주인의 마음을
생각해 녹색 계열에 돋보이는 파란색 털실로 다닝을 했어요. 앞으로도 즐겨 신을 것 같네요.

오른쪽 앞발바닥 부분에 구멍만 작게 나 있어서 남색 털실로 가볍게 다닝을 했어요. 귀여운
무늬를 살려주기 위해 눈치 채지 못할 만큼 감쪽같이 수선했어요.

왼쪽 ◦ '한겨울에 눈 덮인 산에도 신고 갔다'고 하는 꽤 두툼한 양말인데 앞발바닥 부분이 닳아 해져서 파란색 계열의 털실로 다닝을 했어요. 왼쪽과 오른쪽의 크기가 다른 것도 핸드메이드만의 멋입니다.

오른쪽 ◦ 앞발바닥 부분에 난 구멍에 다닝을 한 다음, 무늬에 들어간 노란색에 맞춰 노란색으로 짧은뜨기를 한 패치를 덧대주었어요. 닳아서 얇아져 다시 다닝을 하게 되면 더욱 화려해지겠네요.

How To Make
//////////////////////////

왼쪽 ◦ ① 구멍 둘레에 원형으로 러닝 스티치를 한다. ② 세로실을 건넨다. ③ 가로실을 통과시킨다. ④ 안쪽에서 털실 끝을 처리한다.
꿰매는 방법 ◦ 다닝 P.11·78

오른쪽 ◦ ① 구멍 둘레에 사각형으로 러닝 스티치를 한다. ② 세로실을 건넨다. ③ 가로실을 통과시킨다. ④ 안쪽에서 털실 끝을 처리한다. ⑤ 새로운 털실을 사용해 짧은뜨기를 코를 늘려가며 4단까지 뜬다. ⑥ 다닝 위에 ⑤를 올려놓고 자수실로 공그르기를 한다.
꿰매는 방법 ◦ 다닝 P.11·78, 짧은뜨기 P.87~89, 공그르기 P.77

Part 2

수선품과 생활

새로운 것을 받아들이며 오래된 것을 소중히 여기는
꿰매는 작업은 우연성을 즐기면 되는 것 같아요.

옷 만들기를 좋아하는 어머니와 공구함을 꺼내놓고 무엇이든 직접 수리를 하는 손재주가 좋은 아버지. 그런 부모님 밑에서 자란 나는 손으로 무언가를 만든다는 것은 지극히 자연스러운 일이었습니다. 제일 처음 만든 것은 펠트 바늘꽂이. 지금도 소중히 사용하고 있습니다.

어릴 적부터 바느질하는 것을 좋아했고, 대학교에서는 텍스타일 과정을 전공하며 디자인과 염직 등 다양한 표현 방법에 대해 배웠습니다.

대학교를 졸업하고 2주 동안 미국에서 아트 서머 스쿨 수업을 받은 적이 있습니다. 거기에서는 믹스트 미디어라는 과정을 전공했는데 그게 적성에 딱 맞았어요. 이때 배운 여러 가지 기법과 소재를 혼합하는 표현 방법이 지금 나의 일과 생활에 영향을 준 것 같습니다.

그 후에도 CF 미술이나 박물관의 모형을 제작하는 일을 하면서 돈이 모이면 여행을 떠나는 생활을 2년 정도 지속하다가 우연히 라이프스타일을 제안하는 회사에 들어가 디스플레이 일을 시작하게 되었습니다.

프리랜서가 된 지금도 디스플레이 일은 계속하고 있습니다.

계절감과 유행을 담아내면서 끊임없이 새로운 공간을 제안해나가는 디스플레이 일은 늘 신선하고 즐겁지만, 아무리 멋있게 만들어도 영원히 남겨놓을 수가 없어요.

이렇게 한순간의 꿈을 꾸는 듯한 일을 하면서 물건을 소중히 간직하고 싶고, 소소한 생각을 하면서 지내고 싶다는 마음이 한구석에 계속 자리 잡고 있었습니다. 새로운 것을 받아들이면서 오래된 것을 소중히 여기는, 그런 균형감이 필요한 것 같습니다.

물건 주인을 떠올리며 어떻게 꿰맬지 아이디어를 적어놓은 메모. 머릿속이 정리되면서 새로운 아이디어도 떠오릅니다.

Profile
미스미 노리코
- - - - - - - - - - - - - - - - -

무사시노 미술대학교 공예공업 디자인학과 텍스타일 과정을 졸업한 뒤 주식회사 사자비(SAZABY)에서 윈도 디스플레이 일을 했다. 현재는 독립하여 매장 디스플레이나 잡지와 서적 스타일링 등 폭넓은 분야에서 활약하고 있다. 일상생활에 활용할 수 있는 데커레이션 아이디어와 핸드메이드의 즐거움을 전하고 있다.

www.room504.jp
instagram: @min_msmi @todays_socks

꿰매는 시간에는 마음이 편안해져요.

할머니가 만든
사시코 자수 행주

형형색색의 바늘땀이 돋보이는 행주는 남편의 외할머니가 말년에 요양 시설에 있으면서 만든 것을 물려받은 거예요. 한 땀 한 땀 정성껏 자수를 놓는 할머니의 모습을 생각하며 지금도 소중히 사용하고 있습니다.

남은 실을 감아놓은
미니 실패

남은 자수실은 나무집게 몸통에 둘둘 감고, 실 끝을 집는 부분에 끼워 보관합니다. 아담하고 부피도 크지 않고 실 끝을 찾기도 쉬워서 다음번에 사용할 때도 편리해요.

자연색으로 물들인
실과 천

콩을 삶은 물이나 양파 껍질을 보관해두었다가 실과 천에 초목염색을 합니다. 커피나 홍차로도 자연색 물을 들일 수 있어요. 의류의 누런 때나 얼룩을 초목염색으로 가릴 수도 있습니다.

우연히 만들게 된
니트 모티브

남은 털실을 버리지 않고 되는 대로 떠나가다가 만들게 된 니트 모티브. 어중간하게 실이 모자라면 새로 사지 않고 우연히 만들어지는 무늬를 즐기곤 합니다.

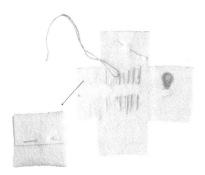

십자 모양의
바늘집

입지 않는 울 조끼를 십자 모양으로 잘라 척척 접어
서 시침핀으로 고정해 바늘집으로 사용하고 있어요.
임시로 만들었는데 사용하기 편리해서 그대로 애용
하고 있습니다.

형형색색의
자투리 실

자수를 놓은 다음 바늘에 조금 남은 실을 캔에 넣어
보관합니다. 이렇게만 해놓아도 버려졌을 자투리 실
이 사랑스럽게 느껴지니 참 신기해요. 간단하게 자
수를 놓고 싶을 때 사용하고 있어요.

외국 친구에게 받은
편지

신인 디자이너인 스웨덴 출신의 친구가 보낸 편지에
는 요요퀼트와 자투리 천이 함께 들어 있었어요. 물
건을 소중히 여기는 마음과 천에 대한 애정이 듬뿍
담겨 있었습니다.

자유롭게 수놓은
걸레

남편의 친할머니가 말년에 만든 걸레. 젊은 시절에는
전통 의상과 양장까지 만들 만큼 솜씨가 상당히 좋은
분이었다고 하는데, 저는 이렇게 자유롭게 표현한 것
이 좋아요. 핸드메이드의 온기가 느껴지네요.

천 등 부담 없이 주변에 있는 재료들을 활용하는 것이 수선의 재미라고 생각합니다.

견본대로 만드는 것이 아니라 간단한 스티치를 자유롭게 조합해서 꿰매면 수선을 하는 시간이 더욱 각별하게 느껴질 거예요.

음식을 흘려서 생긴 얼룩도, 어딘가에 걸려서 생긴 구멍도 뭔가 의미가 있는 것일지도 모릅니다. 그런 생각을 하게 된 것은 예전에 친구에게 결혼 축하 선물로 받은 소중한 찻주전자의 뚜껑을 실수로 깨트리는 바람에 믿을 만한 분을 통해 킨츠기*로 복원한 것이 계기가 되었습니다. 그것은 매우 아름다운 작업이었고, 오히려 깨진 후가 더 마음에 들 정도였어요.

얼룩이나 구멍이 생각지 않게 생긴 것도 전보다 그것을 더 좋아하게 될 기회일지도 모릅니다. 킨츠기로 복원한 찻주전자처럼 꿰매는 작업을 통해 만들어지는 우연한 색과 무늬를 즐기면 된다고 생각합니다.

하나 더 마음에 새겨두고 있는 이야기가 있습니다. 그것은 다람쥐와 호두 이야기입니다. 다람쥐는 모아온 호두를 땅에 묻는 습성이 있어서 호두를 가져와서 묻어놓고 또 가져와서 묻어놓기를 반복하는데, 묻어놓은 장소를 모두 기억하시는 못해서 잊고 있던 호두가 마침내 성장하여 열매를 맺어 다람쥐에게 먹이를 제공한다고 해요. 이것은 장대한 자연의 순환 과정이지만, 이렇게 정성스럽게 꿰맨 것을 누군가가 물려받고 또 물려준다면 그만큼 기쁜 일도 없을 것입니다.

*킨츠기 · 그릇의 깨진 틈을 옻으로 이어붙이고 금가루로 마감하는 기법으로, 일본에서는 도예의 한 장르로 자리 잡고 있다.—역주

수선을 할 때 늘 곁에 있는 반짇고리는 남편의 할머니에게 물려받은 것. 핸드메이드 바구니와 친구들에게 받은 선물 등으로 가득 차 있습니다.

1. 긴 솔에 클립을 달아 만든 커튼. 사용하려고 꺼내야만 보게 되는 좋아하는 스카프도 커튼으로 사용하면 늘 곁에 두고 볼 수 있어요. 2. 킨츠기를 맡겼던 찻주전자. 섬세하고 아름답게 복원되어 전보다 더 좋아하게 되었어요. 3. 할머니 댁 창고에서 잠자고 있던 바구니를 가져와 보존용기 수납용으로 사용하고 있어요. 4. 낡은 옷을 작게 잘라 만든 마른걸레. 상자에 넣어두었을 때는 그대로 방치했는데, 마음에 드는 병에 넣어 보이는 곳에 놓으니 자연스레 자주 사용하게 되네요.

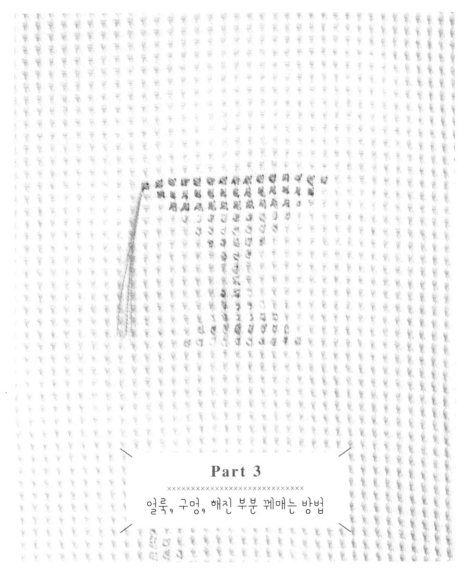

Part 3

×××××××××××××××××××××××××××××
얼룩, 구멍, 해진 부분 꿰매는 방법

얼룩이 지거나 구멍이 나서 입지 못하는 좋아하는 옷을 수선해보세요. 생각지 않게 생겨버리는 얼룩과 구멍, 꿰매는 작업을 통해 만들어지는 우연한 색과 무늬를 즐겨보세요.

----
work
01

상 의   꿰 매 기

상의는 얼굴과 가까운 아이템이므로 원단과 같은 색 계열의 실을 사용하거나, 꿰매는 범위를 최소한으로 줄여 너무 도드라지지 않게 꿰매면서도 은근히 포인트를 주어 이전보다 더 멋스럽게 입어보세요.

How To Make

//////////////////////////////

① 그러데이션 자수실 3가닥을 자수바늘에 꿰고, 천의 올을 세어가며 삼각형이 되도록 크로스 스티치를 한다. ② 끝부분의 실을 겉으로 내놓고 매듭을 짓는다. 매듭 진 실을 7㎝ 정도 남겨놓고 자른다.

꿰매는 방법 ◆ 크로스 스티치 P. 81

세탁하다가 물이 들어 옅은 얼룩이 진 와플 원단의 서멀 티셔츠. 추억의 8비트 게임처럼 땀한 땀 크로스 스티치를 수놓으면 얼룩이 눈에 띄지 않아요.

① 풀린 실밥을 잘라낸다. ② 찢어진 부분의 안쪽에 천을 덧댄다. ③ 자수실 2가닥을 자수 바늘에 꿰고, 줄무늬의 선에 맞춰 크로스 스티치를 한다. ④ 덧댄 천의 여분을 잘라낸다.

꿰매는 방법 ◆ 크로스 스티치 P. 81

'15년 동안 즐겨 입었다'는 블라우스. 찢어진 소매의 안쪽에 천을 덧대고, 줄무늬의 선을 살리며 꼼꼼히 크로스 스티치를 수놓았더니 다시 예쁜 모습을 되찾았어요.

'팔을 넣다가 그만 뚫어져 버렸다'
는 소매의 구멍. 섬세한 소재의 느
낌이 손상되지 않도록 리넨 소재의
천을 덧대고, 격자 모양으로 자수
를 놓았어요.

DMC 4이기

- 천 덧대기   그러데이션 자수실   -반박음질
- 반박음질   2가닥으로   -버튼홀 스티치
- 블랭킷 스티치
- 버튼홀 스티치   흰색 자수실   -블랭킷 스티치
                  2가닥으로   -반박음질

겨드랑이랑
소매만

Before

How To Make
/////////////////////////////

① 올이 풀린 실을 잘라낸다. ② 구멍 난 부분의 안쪽에 천을 덧댄다. ③ 그러데이션 자수
실 2가닥을 자수바늘에 꿰고, 구멍에서 5mm 바깥쪽에 촘촘하게 러닝 스티치를 한다. ④
구멍 둘레에 블랭킷 스티치를 한다. ⑤ 구멍 가운데(겉에서 보이는 덧댄 천)에 격자 모양
으로 백 스티치를 한다. ⑥ 덧댄 천의 여분을 잘라낸다.

꿰매는 방법 • 천 덧대기 P.48~49, 러닝 스티치 P.76, 블랭킷 스티치 P.79, 백 스티치 P.76

How To Make

////////////////////

소맷부리 • ① 올이 풀린 실을 잘라낸다. ② 자수실 4가닥을 자수바늘에 꿰고, 소맷부리에 블랭킷 스티치를 한다. ③ 자수실 2가닥을 자수바늘에 꿰고, 블랭킷 스티치의 바늘땀을 주워가며 러닝 스티치를 한다.

밑단 • ① 자수실 2가닥을 자수바늘에 꿴다. ② 닳아서 해진 부분에 감침질을 한다.

꿰매는 방법 • 블랭킷 스티치 P.79, 러닝 스티치 P.76, 감침질 P.77

Before

소맷부리와 밑단이 닳아서 해진 재킷. '짧게 잘
라야 하나 망설였다'고 하는 소맷부리에는 사
각형 스티치를 넣어 귀여운 느낌이 과하지 않도
록 했어요. 밑단은 감침질을 해서 감쪽같이 가
려주었습니다.

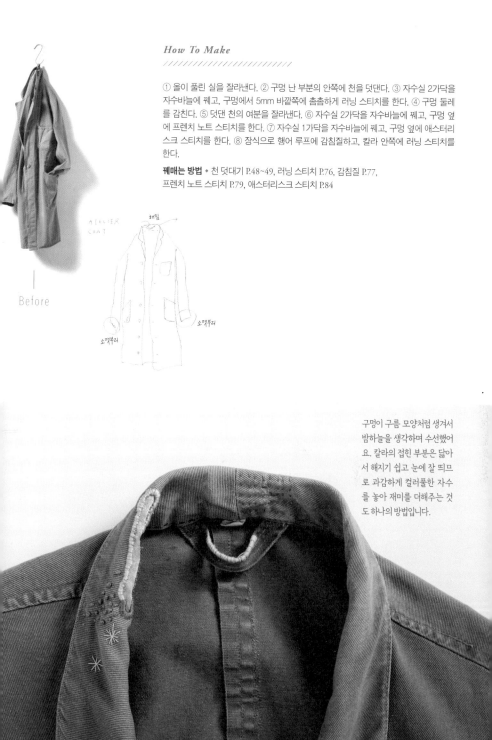

How To Make
/////////////////////////

① 올이 풀린 실을 잘라낸다. ② 구멍 난 부분의 안쪽에 천을 덧댄다. ③ 자수실 2가닥을 자수바늘에 꿰고, 구멍에서 5mm 바깥쪽에 촘촘하게 러닝 스티치를 한다. ④ 구멍 둘레를 감친다. ⑤ 덧댄 천의 여분을 잘라낸다. ⑥ 자수실 2가닥을 자수바늘에 꿰고, 구멍 옆에 프렌치 노트 스티치를 한다. ⑦ 자수실 1가닥을 자수바늘에 꿰고, 구멍 옆에 애스터리스크 스티치를 한다. ⑧ 장식으로 행어 루프에 감침질하고, 칼라 안쪽에 러닝 스티치를 한다.

꿰매는 방법 ◆ 천 덧대기 P.48~49, 러닝 스티치 P.76, 감침질 P.77, 프렌치 노트 스티치 P.79, 애스터리스크 스티치 P.84

Before

ATELIER COAT
해짐
소맷부리
소맷부리

구멍이 구름 모양처럼 생겨서 밤하늘을 생각하며 수선했어요. 칼라의 접힌 부분은 닳아서 해지기 쉽고 눈에 잘 띄므로 과감하게 컬러풀한 자수를 놓아 재미를 더해주는 것도 하나의 방법입니다.

물려받은 옷 꿰매기

추억이 깃든 물건이
어머니로부터 딸과 손주에게
전해지는 것은
참으로 근사한 일입니다.
앞으로도 대대손손
전해졌으면 하는 마음을 담아.
추억과 새로움의 조화를 고려하며
수선했습니다.

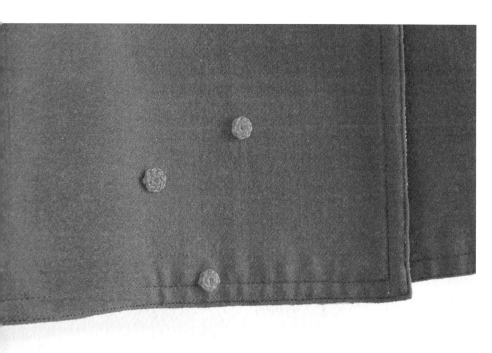

How To Make
/////////////////////////////

① 굵은 자수실을 사용해 짧은뜨기를 원형으로 1단 뜬다.
② 구멍 위에 ①을 올려놓고 자수실로 둘레를 공그르기 한다.
꿰매는 방법 ◆ 짧은뜨기 P.87~89, 공그르기 P.77

어머니와 딸 2대가 입었다는 맞춤 코트에는 벌레 먹은 자리가 구멍
나 있었어요. 수작업의 온기가 느껴지는 분위기가 손상되지 않도록
작고 둥근 모티브를 떠서 꿰매 달아주었습니다.

MOM'S
COAT

29

How To Make
/////////////////////////

① 올이 풀린 실을 잘라낸다. ② 자수실 3가닥을 자수바늘에 꿰고, 해진 부분을 감친다.

꿰매는 방법 ◦ 감침질 P.77

Before

물려받은 검정 울 코트

도데가
핸드메이드 단추

단춧구멍 해짐.
멀이 해진
부분도 재봄.

DMC Black
3가닥으로
감침질

'묵직하고 디자인도 예스럽지만 지금도 멋있다'
는 할머니 유품으로 물려받은 코트. 최대한 눈
에 띄지 않도록 하여 단춧구멍의 해진 부분을

'어머니에게 물려받았
다'는 스텐 칼라 코트
는 앞단이 해져 있었어
요. 더 이상 해지지 않도
록 크로스 스티치로 수
선했습니다. 좋아하는
노란색 실로 마치 부적
을 새겨 넣듯이 장식 스
티치도 수놓았어요.

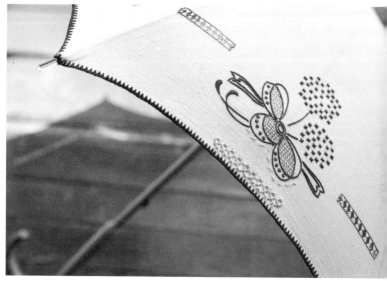

'할머니의 유품'이라는
양산은 얼룩지기는 했
지만, 수작업의 아름다
움에 감동했습니다. 프
랑스에서 산 낡은 태팅
레이스를 테두리의 얼
룩 위에 꿰매 달고 가
로로 넓은 애스터리스
크 스티치를 더해주었
습니다.

How To Make

////////////////////////

위 • ① 자수실 2가닥을 자수바늘에 꿰고, 닳아서 해진 부분에 크로스 스티치를 한다.
② 장식으로 러닝 스티치와 스트레이트 스티치를 한다.
꿰매는 방법 • 크로스 스티치 P.81, 러닝 스티치 P.76, 스트레이트 스티치 P.80

아래 • ① 양산 테두리의 얼룩 위에 레이스를 올려놓고, 둘레를 자수실로 공그르기 한다.
② 자수실 2가닥을 자수바늘에 꿰고, 장식으로 애스터리스크 스티치를 한다.
꿰매는 방법 • 공그르기 P.77, 애스터리스크 스티치 P.84

니
트
꿰
매
기

'15년 이상 입었는데도
니트 조직이 탄탄하고
보풀도 잘 생기지 않는
다'며 애착을 가지고 있
는 니트. 빨간색과 남색
배색을 좋아하는 옷 주
인을 위해 빨간색 털실
을 사용했습니다.

벌레 먹었거나 어딘가에 걸려
구멍이 뚫려버린 니트를
컬러풀하게 수선했어요.
눈에 띄지 않게 수선하고 싶은 부분은
다닝이나 니들 펀치 기법을 이용하여
바탕천과 어우러지도록 했습니다.

How To Make

① 리넨사로 짧은뜨기를 1단 뜬다. ② 빨간색 털실로 바꿔 짧은뜨기를 코를 늘려가며 3단
까지 뜬다. ③ 구멍 위에 ②를 올려놓고 자수실로 공그르기를 한다.

꿰매는 방법 • 짧은뜨기 P.87~89, 공그르기 P.77

'구입 당시부터 소맷부
리에 구멍이 나 있었다'
고 하는 헌 니트. 바탕
천과 비슷한 색으로 눈
에 띄지 않게 수선하면
서도 언뜻 보게 되면 마
음이 즐거워지는 재미
또한 잊지 않고 더해주
었어요.

Before

How To Make
/////////////////////////////

① 털실로 짧은뜨기를 코를 늘려가며 3단까지 떠서 원형을 만든다.
② 구멍 위에 ①을 올려놓고 자수실로 공그르기를 한다.

꿰매는 방법 ◆ 짧은뜨기 P.87~89, 공그르기 P.77

옷자락이 어딘가에 걸려 생긴 구멍을 니들 펀치 가공(35쪽 참조)으로 메워주고,
둘레에 체인 스티치(79쪽 참조)를 수놓았어요.
바늘로 지나치게 많이 찌르면 천이 딱딱해지니 주의하세요.

How To Make
//////////////////////////

꿰 매 기 의 기 본 기 법

니들 펀치 가공

재료와 도구

◆ 양모
◆ 니들(니들 펀치용 바늘)
◆ 스펀지
◆ 작업용 매트(헌 잡지나 골판지로 대체 가능)

작업용 매트→스펀지→카디건의 순서로 겹쳐놓는다.

양모를 구멍보다 조금 더 크게 찢어 구멍 위에 올려놓고, 니들을 수직으로 찌른다. 찌르다 보면 양모와 스펀지가 달라붙으므로 가끔 스펀지의 위치를 바꿔주며 찌른다.

구멍의 둘레를 둥글게 찌른 다음, 삐져나온 양모를 바늘 끝을 이용해 가운데로 모아준 뒤 다시 찌른다.

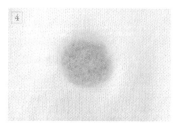

2~3을 3~4번 정도 반복하여 구멍이 비치지 않으면 완성.

'다른 사람에게는 보이지 않지만 입을 때마다 신경 쓰였다'고 하는 바지 밑아래에 난 구멍. 눈에 띄지 않게 같은 색 계열의 양모로 니들 펀치를 했어요. 바탕천이 손상되지 않도록 가는 바늘을 사용했습니다.

How To Make
/////////////////////////////

① 구멍 위에 얇게 찢은 양모를 올려놓는다. ② 니들로 둥글게 찌른다. ③ 삐져나온 양모를 가운데로 모아 다시 찌른다. ④ ②~③을 3~4번 정도 반복한다.

꿰매는 방법 • 니들 펀치 가공: 왼쪽 참조

How To Make
/////////////////

① 털실로 다닝을 한다. 먼저 구멍 둘레에 러닝 스티치를 한다. ② 세로실을 건넨다. ③ 가로실을 통과시킨다. ④ 안쪽에서 털실 끝을 처리한다. ⑤ 자수실 2가닥을 자수바늘에 꿰고, 다닝 둘레에 체인 스티치를 한다.

꿰매는 방법 ◆ 다닝 P.11·78, 체인 스티치 P.79

'어딘가에 걸렸다'고 하는 작은 구멍을 수선했어요. 다양한 색상이 섞여 있어서 그 중의 한 가지 색을 사용해 구멍을 메우고, 체인 스티치로 포인트를 주었습니다.

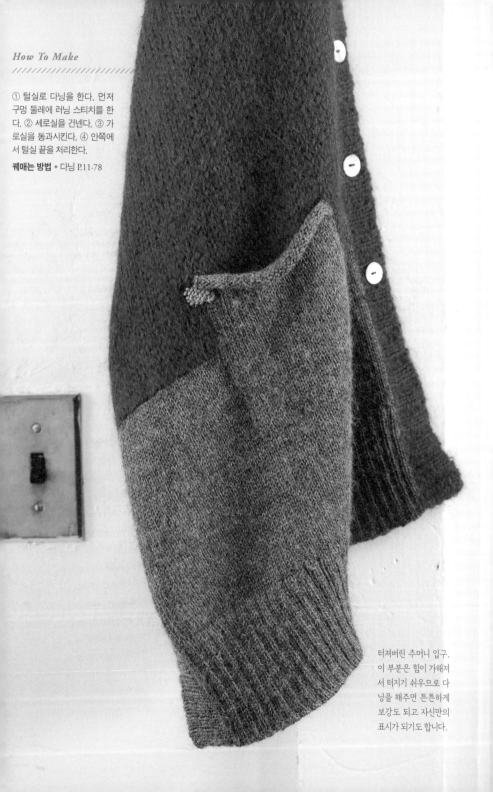

How To Make

///////////////////////

① 털실로 다닝을 한다. 먼저 구멍 둘레에 러닝 스티치를 한다. ② 세로실을 건넨다. ③ 가로실을 통과시킨다. ④ 안쪽에서 털실 끝을 처리한다.

꿰매는 방법 ◆ 다닝 P.11·78

터져버린 주머니 입구. 이 부분은 힘이 가해져서 터지기 쉬우므로 다닝을 해주면 튼튼하게 보강도 되고 자신만의 표시가 되기도 합니다.

work
04

원
피
스

꿰
매
기

여성스러운 멋을
즐길 수 있는 원피스는
레이스나 컬러풀한 천을
사용해 수선하여
사랑스러운 분위기를
연출했어요.
너무 아기자기하게
배색하지 않는 것이
포인트입니다.

세탁을 해도 지워지지 않는 얼룩을 레이스
모티브와 자수로 우아하게 가려주었어요.
꿰매 달기 전에 모티브를 원피스 위에 놓고
위치를 정해두면 균형감 있게 완성됩니다.

기계로 짠 레이스 원단은 무늬 부분을 잘라
내도 올이 풀어지지 않기 때문에 모티브 레
이스로 사용할 수 있어요.

How To Make
////////////////////////

① 레이스 원단의 모티브를 잘라낸다. ② 얼룩 위에 모티브를 올려놓고 둘레를 자수실로
공그르기 한다. ③ 작은 얼룩 위에 스파이더 웹 스티치를 한다.
꿰매는 방법 ◆ 공그르기 P.77, 스파이더 웹 스티치 P.85

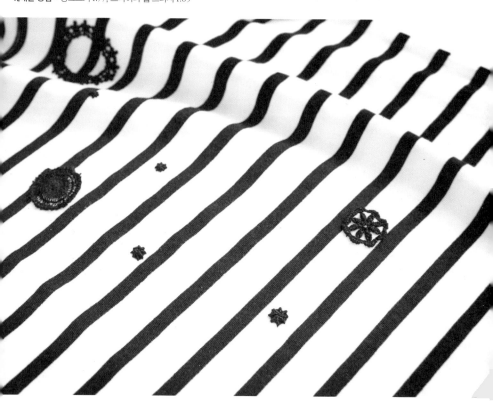

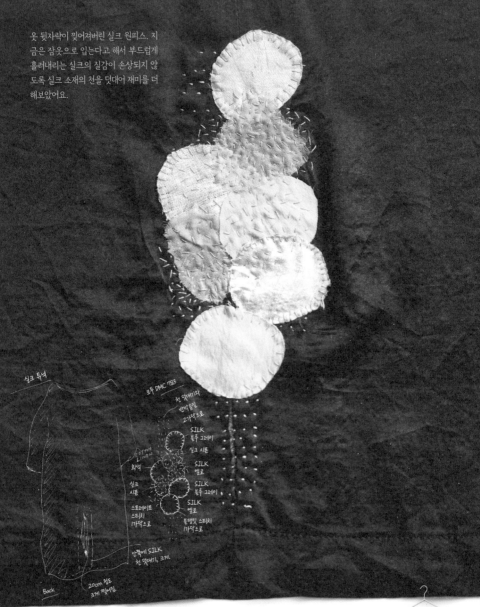

옷 뒷자락이 찢어져버린 실크 원피스. 지금은 잠옷으로 입는다고 해서 부드럽게 흘러내리는 실크의 질감이 손상되지 않도록 실크 소재의 천을 덧대어 재미를 더해보았어요.

실크 튜닉

모독 DMC 1783
천 덧대기나
반박음질
2가닥으로

SILK
볼루 그레이
실크 시폰

SILK
옐로

화색
실크
시폰

SILK
옐로

SILK
볼루 그레이

스트레이트
스티치
1가닥으로

SILK
옐로

블랭킷 스티치
1가닥으로

안쪽에 SILK
천 덧대기, 크게

Back   20cm 정도
              크게 잘라냄.

How To Make
//////////////////////////////

Before

① 올이 풀린 실을 잘라낸다. ② 찢어진 부분의 안쪽에 천을 덧댄다. ③ 자수실 2가닥을 자수바늘에 꿰고, 구멍 둘레에 불규칙하게 반박음질을 한다. ④ 실크 천을 원형으로 7장 자른 뒤 각 구멍 위에 올려놓고 둘레에 블랭킷 스티치를 한다. ⑤ 천 위에 재봉틀로 박은 듯이 스트레이트 스티치를 한다. ⑥ 덧댄 천의 여분을 잘라낸다.

꿰매는 방법 • 천 덧대기 P.48~49, 반박음질 P.76, 블랭킷 스티치 P.79, 스트레이트 스티치 P.80

고
양
이
가

장
난
친

부
분

꿰
매
기

깜빡하고 밖에 내놓은 옷을 고양이가 물어뜯어 버렸어요!
그렇게 생각지도 못한 부분에 생긴 커다란 구멍을 사랑스럽게 수선해보세요.
이것이 바로 사랑하는 고양이와의 합작품입니다.

How To Make
/////////////////////////////

① 바탕천의 올을 1코씩 주워 털실로 짧은뜨기를 한다. ② 다른 색 털실로 바꿔 장식으로
소매를 감친다. 이때 실을 너무 세게 잡아당기지 않도록 주의한다.
꿰매는 방법 • 짧은뜨기 P.88, 감침질 P.77

고양이가 물어뜯어 버린 소맷부리를 짧
은뜨기로 수선했어요. 장식으로 감침질
을 더해주고, 물어뜯지 않은 쪽의 소맷부
리도 같은 방법으로 수선하여 포인트를
주었습니다. 니트와 같은 색 계열의 실을
선택하면 실패하지 않고 만들 수 있어요.

손가락 끝부분을 물어뜯긴 장갑. 그대로 맞대어 꿰매면 짧아지므로 쥐의 얼굴을 달아 길이를 더해주었어요. 귀여운 느낌이 과하지 않도록 눈에는 보라색 실을 사용했습니다.

의 짓궂은 장난 / 장갑(Black)

Before

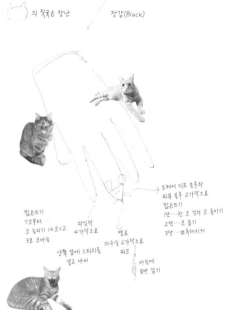

모헤어 디드 불루삭
피푸 복주 2가닥으로
짧은뜨기
1단…한 코 걸러 코 늘이기
2단…코 줍기
3단…뾰족해지게

짧은뜨기
7코부터
코 늘리기 14코×2
3코 코바늘

각인닥
4가닥으로

앨로
자수실 6가닥으로
피코

양쪽 옆에 스티치를
넣고 나서

바늘에
8번 깁기

How To Make

/////////////////////////

① 털실로 짧은뜨기를 코를 늘려가며 2단까지 떠서 귀를 만든다. 같은 방법으로 1개 더 만든다. ② 얼굴은 올이 풀린 부분의 코를 1코씩 걸러가며 줍고, 짧은뜨기를 코를 줄여가며 고깔 모양으로 뜬다. ③ 귀 위치에 감침질하여 ①을 달아준다. ④ 자수실 4가닥을 자수바늘에 꿰고, 눈 위치에 3번 감아 프렌치 노트 스티치를 한다. ⑤ 자수실 색을 바꿔 코 위치에 8번 감아 프렌치 노트 스티치를 한다. ⑥ 수염 위치에 자수실 6가닥을 묶어 달아준다.

꿰매는 방법 ◆ 짧은뜨기 P.87~89, 감침질 P.77, 프렌치 노트 스티치 P.79

구멍이 크게 난 니트를 부드러운 셰
틀랜드 울 소재의 털실과 가는 모
헤어로 뜬 패치로 수선했어요. 알파
카의 부드러운 감촉이 손상되지 않
도록 느슨하게 떴습니다.

How To Make

//////////////////////////////

① 셰틀랜드 울 소재의 털실과 가는 모헤어를 합쳐 2가닥으로 뜬다. 사슬뜨기 22코로 시
작코를 만들고, 짧은뜨기를 코를 늘려가며 10단까지 타원형으로 뜬다. ② ①을 구멍 위에
올려놓고 둘레를 셰틀랜드 울 털실로 공그르기 한다.

꿰매는 방법 ◆ 사슬뜨기·짧은뜨기 P.88~89, 공그르기 P.77

44

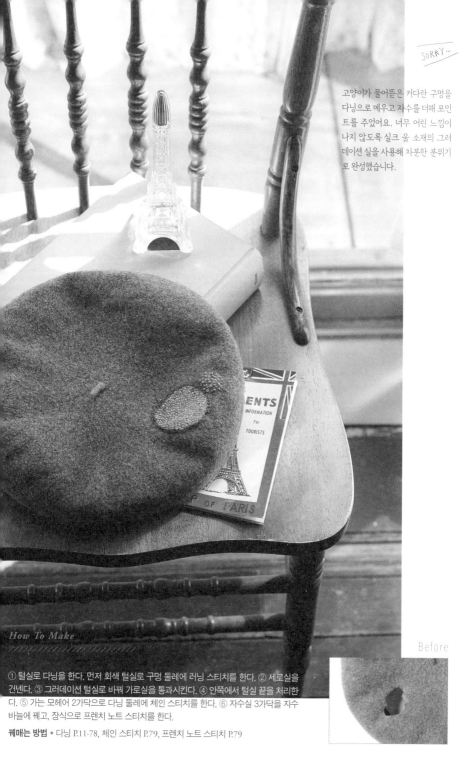

SORRY...

고양이가 물어뜯은 커다란 구멍을 다닝으로 메우고 자수를 더해 포인 트를 주었어요. 너무 어린 느낌이 나지 않도록 실크 울 소재의 그러 데이션 실을 사용해 차분한 분위기 로 완성했습니다.

ENTS
INFORMATION
For
TOURISTS

P OF PARIS

How To Make

① 털실로 다닝을 한다. 먼저 회색 털실로 구멍 둘레에 러닝 스티치를 한다. ② 세로실을 건넨다. ③ 그러데이션 털실로 바꿔 가로실을 통과시킨다. ④ 안쪽에서 털실 끝을 처리한 다. ⑤ 가는 모헤어 2가닥으로 다닝 둘레에 체인 스티치를 한다. ⑥ 자수실 3가닥을 자수 바늘에 꿰고, 장식으로 프렌치 노트 스티치를 한다.

꿰매는 방법 • 다닝 P.11·78, 체인 스티치 P.79, 프렌치 노트 스티치 P.79

Before

직업적으로 생기는 얼룩과 손상된 부분 꿰매기

나중에 보면
늘 같은 자리에 얼룩이 생기거나
찢어져버리는……
그렇게 직업적으로 생기는
얼룩과 손상된 부분을 수선했어요.
평상복으로도 입을 수 있는
멋진 디자인으로 재탄생했습니다.

플로리스트의 티셔츠

How To Make

//////////////////////////////

몸판 ◆ ① 털실로 짧은뜨기를 둥글게 1단 뜬다. ② 얼룩 위에 ①을 올려놓고 자수실로 공그르기를 한다. ③ 자수실 3가닥을 자수바늘에 꿰고, ②를 꽃이라고 생각하고 리프 스티치를 한다. ④ 털실로 선을 긋는다. ⑤ 털실을 카우칭 스티치로 고정한다. ⑥ 얼룩 위에 백스티치, 스트레이트 스티치, 애스터리스크 스티치, 러닝 스티치를 한다.

겨드랑이 ◆ ① 털실로 짧은뜨기를 코를 늘려가며 3단까지 떠서 원형을 만든다. ② 털실색을 바꿔 짧은뜨기를 코를 늘려가며 4단까지 뜬다. ③ 양쪽 겨드랑이의 구멍 위에 각각 ①과 ②를 올려놓고 자수실로 공그르기를 한다.

꿰매는 방법 ◆ 짧은뜨기 P.87~89, 공그르기 P.77, 리프 스티치 P.81, 카우칭 스티치 P.86, 백 스티치 P.76, 스트레이트 스티치 P.80, 애스터리스크 스티치 P.84, 러닝 스티치 P.76

식물에서 나오는 다갈색 회즙이 변색되어 얼룩이 생겨버린 티셔츠. 겨드랑이에 난 구멍은 짧은뜨기로 만든 패치로 수선했어요. 얼룩 위에 자유롭게 스티치를 수놓았더니 신기한 리듬이 생겼네요.

47

'어쩌다가 표백제가 묻어버려 서서
히 찢어지기 시작했다'고 하는 치
노 팬츠. 처음에는 조금 해졌다 해
도 무릎은 쉽게 손상되고, 점점 구
멍이 커지기 때문에 빨리 수선하는
것이 좋아요.

Before

더 이상 구멍이 커지
지 않도록 안쪽에 천
을 덧대 튼튼하게 수
선했어요. 같은 색 계
열의 천과 실을 사용
하고 그러데이션실로
수놓았습니다. 재봉
틀로 박는 것보다 부
드럽게 완성됩니다.

How To Make
/////////////////////////

재료와 도구
- ◆ 천
- ◆ 자수실
- ◆ 가위
- ◆ 자수바늘
- ◆ 시침핀

꿰매기의 기본 기법

천 덧대기

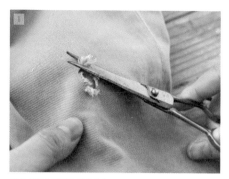

풀린 실밥을 가위로 잘라낸다.

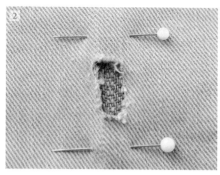

구멍보다 조금 더 크게 자른 천을 안쪽에 대고 시침핀으로 고정
한다.

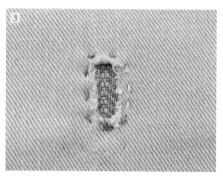

자수실 3가닥을 자수바늘에 꿰고, 구멍에서 5mm 바깥쪽에 촘
촘하게 러닝 스티치(76쪽 참조)를 한다.

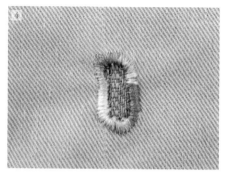

구멍 둘레를 감친다(77쪽 참조).

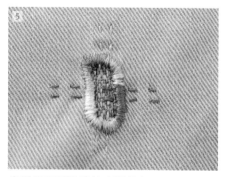

세로와 가로로 2줄씩 러닝 스티치를 한다.

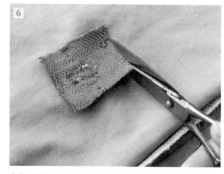

옷을 안쪽으로 뒤집어 덧댄 천의 여분을 잘라내면 완성!

페인트공의 바지

페인트공이 입는 바지는 페인트 가
공이 아니라 실제 도료가 묻어 훨
씬 멋있었어요! 원래 디자인으로 뚫
려 있던 구멍을 꿰매 강한 인상을
살짝 부드럽게 만들어주었습니다.

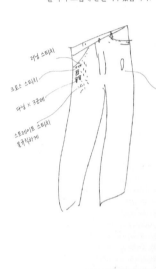

러닝 스티치
크로스 스티치
다닝 × 크로세
스트레이트 스티치
번갈아치게

How To Make
///////////////////////

① 풀린 실밥을 가위로 잘라낸
다. ② 구멍 난 부분의 안쪽에
천을 덧댄다. ③ 자수실 2가닥
을 자수바늘에 꿰고, 구멍에서
5mm 바깥쪽에 촘촘하게 러닝
스티치를 한다. ④ 구멍 둘레를
감친다. ⑤ 구멍 가운데(겉에서
보이는 덧댄 천)에 스트레이트
스티치를 한다(동그라미는 백
스티치). ⑥ 덧댄 천의 여분을 잘
라낸다.

꿰매는 방법 ◈
천 덧대기 P.48~49,
러닝 스티치 P.76, 감침질 P.77,
스트레이트 스티치 P.80,
백 스티치 P.76

50

How To Make

① 털실로 다닝을 한다. 먼저 구멍 둘레에 러닝 스티치를 한다. ② 세로실을 건넨다. ③ 가로실을 통과시킨다. ④ 안쪽에서 털실 끝을 처리한다. ⑤ 구멍이 클 경우에는 여러 개로 나눠 다닝을 한다. ⑥ 다닝 주위에 장식으로 러닝 스티치와 스트레이트 스티치를 한다.

꿰매는 방법 ◆ 다닝 P.11·78, 러닝 스티치 P.76, 스트레이트 스티치 P.80

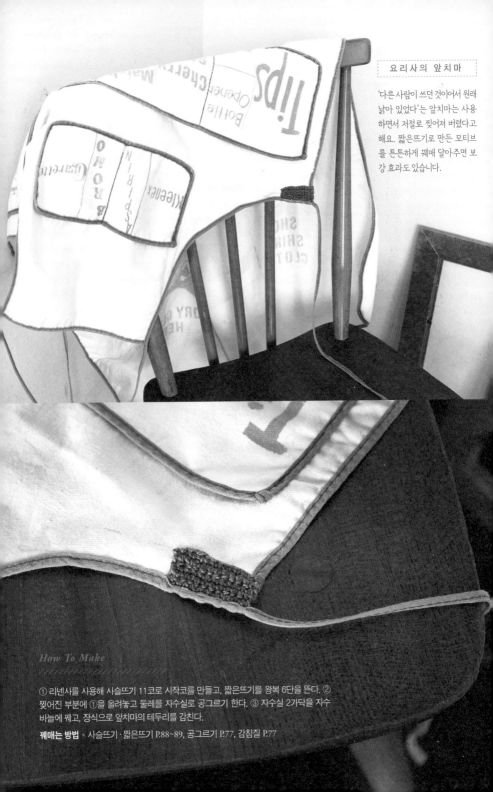

요리사의 앞치마

'다른 사람이 쓰던 것이어서 원래
낡아 있었다'는 앞치마는 사용
하면서 저절로 찢어져 버렸다고
해요. 짧은뜨기로 만든 모티브
를 튼튼하게 꿰매 달아주면 보
강 효과도 있습니다.

How To Make

① 리넨사를 사용해 사슬뜨기 11코로 시작코를 만들고, 짧은뜨기를 왕복 6단을 뜬다. ②
찢어진 부분에 ①을 올려놓고 둘레를 자수실로 공그르기 한다. ③ 자수실 2가닥을 자수
바늘에 꿰고, 장식으로 앞치마의 테두리를 감친다.

꿰매는 방법 · 사슬뜨기 · 짧은뜨기 P.88~89, 공그르기 P.77, 감침질 P.77

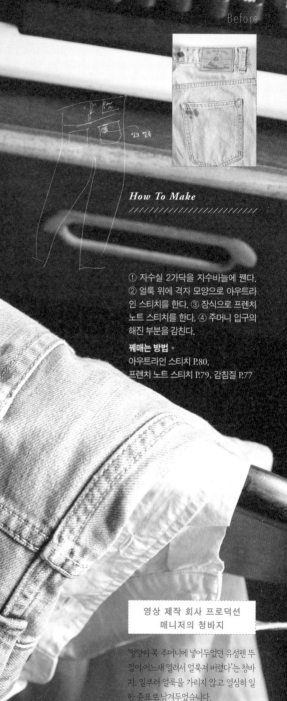

Before

How To Make

/////////////////////////////////

① 자수실 2가닥을 자수바늘에 꿴다.
② 얼룩 위에 격자 모양으로 아웃트라
인 스티치를 한다. ③ 장식으로 프렌치
노트 스티치를 한다. ④ 주머니 입구의
해진 부분을 감친다.

꿰매는 방법 •
아웃트라인 스티치 P.80,
프렌치 노트 스티치 P.79, 감침질 P.77

영상 제작 회사 프로덕션
매니저의 청바지

'엉덩이 쪽 주머니에 넣어두었던 유성펜 뚜
껑이 어느새 열려서 얼룩져 버렸다'는 청바
지. 일부러 얼룩을 가리지 않고 열심히 일
한 증표로 남겨두었습니다.

아
이
옷
꿰
매
기

깨끗이 오래 입어주었으면 해도
마음대로 되지 않는 것이 아이 옷.
얼룩이나 구멍에는
패치 장식을 붙이는 것이
가장 손쉬운 방법이지만,
조금만 신경 쓰면 처음 샀을 때보다
훨씬 더 귀여워질 거예요.

How To Make
////////////////////////

① 올이 풀린 실을 잘라낸다. ② 큼지막
하게 자른 천을 안쪽에 덧댄다. ③ 자
수실 2가닥을 자수바늘에 꿰고, 구멍에
서 5mm 바깥쪽에 촘촘하게 러닝 스티
치를 한다. ④ 구멍에서 3cm 바깥쪽에
원형으로 반박음질한다. ⑤ 자수실 3
가닥을 자수바늘에 꿰고, ④의 원 안에
서 서로 교차되도록 가로세로로 러닝
스티치를 한다. ⑥ 겉쪽에서 묶어 매듭
을 짓는다. ⑦ 덧댄 천의 여분을 잘라낸
다. ⑧ 작은 구멍에도 같은 방법으로 천
을 덧대고, 자수실 2가닥을 자수바늘에
꿰어 촘촘하게 불규칙적으로 러닝 스
티치를 한다.
꿰매는 방법 ◆ 천 덧대기 P.48~49,
러닝 스티치 P.76, 반박음질 P.76

Before

'힘차게 달려가다가 넘어져 뚫렸다'
는 무릎에 난 구멍. 아이 옷은 체크
무늬 천을 덧대어 눈에 띄게 해도 귀
엽습니다. 찢어질 때마다 덧 꿰매주
는 것도 재미있을 거예요.

How To Make

//////////////////////////////

① 올이 풀린 실을 잘라낸다. ② 찢어진
부분의 안쪽에 펠트를 덧댄다. ③ 자수
실 3가닥을 자수바늘에 꿰고, 찢어진
부분에서 조금 바깥쪽에 촘촘하게 러
닝 스티치를 한다. ④ 자수실 6가닥을
자수바늘에 꿰고, 장식으로 체인 스티
치를 한다. ⑤ 덧댄 펠트의 여분을 잘라
낸다.

꿰매는 방법 • 천 덧대기 P.48-49,
러닝 스티치 P.76, 체인 스티치 P.79

Before

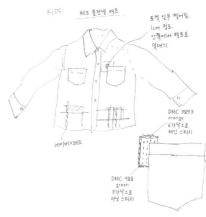

KIDS. 체크 플란넬 셔츠

포켓 일부 찢어짐.
1cm 정도.
안쪽에서 펠트로
덧대기.

DMC 3853
orange
6가닥으로
체인 스티치

네이비X레드

DMC 988
green
3가닥으로
러닝 스티치

터져버린 주머니 입구. 주머니는 걸려서 해지기 쉬
우므로 올이 풀릴 염려가 없는 펠트를 덧대어 튼
튼하게 수선했어요. 일부러 6가닥으로 체인 스티
치를 해서 존재감을 살려주었습니다.

주
방
용
품

꿰
매
기

Before

How To Make
/////////////////////////////////

① 자수실 2가닥을 자수바늘에 꿴다. ② 얼룩 위에 별 모양으로 새틴 스티치를 한다. ③ 윤곽에 백 스티치를 한다.

꿰매는 방법 • 새틴 스티치(별 모양) P.83, 백 스티치 P.76

수선해가며
오래오래 사용하고 싶은 것.
그것은 의류뿐 아니라
주방용품도 마찬가지죠.
일상생활에 빠질 수 없는 필수품이니까.
수선할 때마다
'생활과 더욱 잘 어우러지기를……'
하고 바라요.
그런 마음을 담아냈어요.

후줄근하게 낡았어도 마음에 드는 앞치마. 눈에 띄는 얼룩 위에 별 모양으로 새틴 스티치를 넣어 반짝반짝 빛이 나게 해주었어요. 앞으로도 한참 더 활약해줄 것 같네요.

갈색 얼룩은 즐거웠던 티타임의 추억. 불규칙하게 스트레이트 스티치를 넣어주니 얼룩과 함께 합동 공연이 펼쳐지네요. 얼룩이 더 많아져도 스티치를 더해주면 한참 더 사용할 수 있을 것 같아요.

드문드문 작게 얼룩이 진 리넨 키친 클로스. 여기저기 생긴 얼룩 위에 자수를 넣어주었더니 재미있는 무늬가 만들어졌네요. 계산된 것이 아니라 우연히 만들어진 무늬여서 더욱 멋스러워요.

How To Make
///////////////////////////////

위 ◆ ① 자수실 2가닥을 자수바늘에 꿰고, 원을 그리듯 불규칙하게 스트레이트 스티치를 한다. ② 자수실 색을 바꿔 불규칙하게 스트레이트 스티치를 더해준다.
꿰매는 방법 ◆ 스트레이트 스티치 P.80

아래 ◆ ① 자수실 2가닥을 자수바늘에 꿰고, 얼룩 위에 원형으로 새틴 스티치를 한다. ② 장식으로 서로 교차되도록 가로세로로 러닝 스티치를 한다.
꿰매는 방법 ◆ 새틴 스티치 P.82, 러닝 스티치 P.76

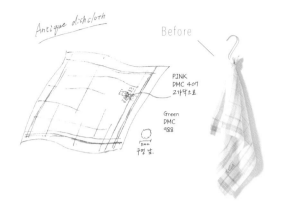

Antique dishcloth

Before

PINK
DMC 407
2가닥으로

Green
DMC
988

5mm
구멍 남.

벼룩시장에서 구입한 리넨 키친 클로스. 원래 뚫려 있던 구멍을 같은 색 계열의 자수실로 정성껏 다닝을 했어요. 자수틀을 사용하면 구멍이 울지 않아 예쁘게 수놓을 수 있습니다.

How To Make

////////////////////////////

① 올이 풀린 실을 잘라낸다. ② 자수실 3가닥을 자수바늘에 꿰고, 러닝 스티치로 구멍을 메운다. 구멍 부분은 다닝과 같은 요령으로 실을 건넨다. ③ ②를 90도 돌린다. 자수실 색을 바꿔 십자 모양으로 교차되도록 러닝 스티치를 하고, 구멍 부분은 세로실을 한 땀씩 걸러가며 주워 가로실을 통과시킨다.

꿰매는 방법 ◆ 러닝 스티치 P.76, 다닝 P.11·78

원래 올이 풀려 있던 손으로 직접 짠 B급 천이지만, 수선하면 예뻐질 것 같아서 샀어요. 길게 찢어진 부분을 한꺼번에 다닝 하기는 어려워서 세 부분으로 나눠 꿰맸습니다.

How To Make
/////////////////////////

위 • ① 올이 풀린 실을 잘라낸다. ② 자수실로 다닝을 한다. 먼저 자수실로 구멍 둘레에 러닝 스티치를 한다. ③ 세로실을 건넨다. ④ 가로실을 통과시킨다. ⑤ 안쪽에서 털실 끝을 처리한다.

꿰매는 방법 • 다닝 P.11·78

아래 • ① 자수실 3가닥을 자수바늘에 꿰고, 얼룩 위에 아웃트라인 스티치로 좋아하는 숫자나 알파벳을 새긴다. ② 자수실 2가닥을 자수바늘에 꿰고, 장식으로 러닝 스티치를 한다. ③ 겉쪽에서 묶어 매듭을 짓는다.

꿰매는 방법 • 아웃트라인 스티치 P.80,
러닝 스티치 P.76

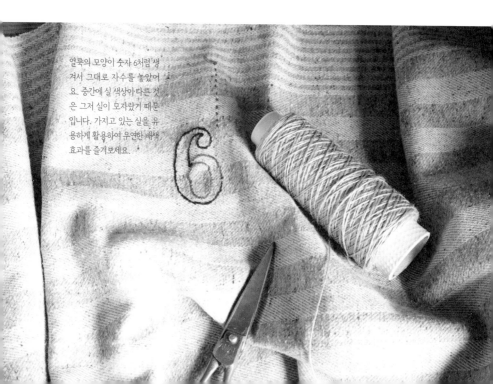

얼룩의 모양이 숫자 6처럼 생겨서 그대로 자수를 놓았어요. 중간에 실 색상이 다른 것은 그저 실이 모자랐기 때문입니다. 가지고 있는 실을 유용하게 활용하여 유연한 배색 효과를 즐겨보세요.

work 09

실
내
화
&
양
말
꿰
매
기

부부가 애용하고 있는 펠트
소재의 실내화는 오래 신어서
커다란 구멍이 뚫렸어요. 많이
닳은 상태여서 다닝을 해서 두
툼하게 만든 다음 니들 펀치
와 스티치로 마무리했습니다.

마음에 드는 실내화나 양말은
닳고 닳아도 계속 신고 싶잖아요.
직접 수선해가며 소중히 사용하면
발에 길이 들어 더욱 애착이 가게 될 거예요.

How To Make
////////////////////////////

1	2	3
구멍 난 부분에 털실로 다닝을 한다 (11·78쪽 참조).	다닝한 부분 위에 니들 펀치 가공을 한다 (34~35쪽 참조).	불규칙하게 스트레이트 스티치를 한다 (80쪽 참조).

짧은뜨기
5코×4단
Wool
옐로 오커

Iran wool
room shoes

마지막 실 끝을 길게 빼서
패치워크에 사용하기.

① 털실로 사슬뜨기 5코로 시작코를 만들고, 짧은뜨기를 왕복 4단을 뜬다. ② 구멍 위에 ①을 올려놓고 둘레를 같은 털실로 공그르기 한다.

꿰매는 방법 ◆
사슬뜨기·짧은뜨기 P.88~89,
공그르기 P.77

Before

겨울에 여행 갈 때 가져가면 유용한 실내용 양말. 어느새 뚫려버린 구멍을 짧은뜨기로 만든 패치로 수선했어요. 구멍이 작을 때는 다닝을 하기보다 이 방법이 쉽고 간단해요!

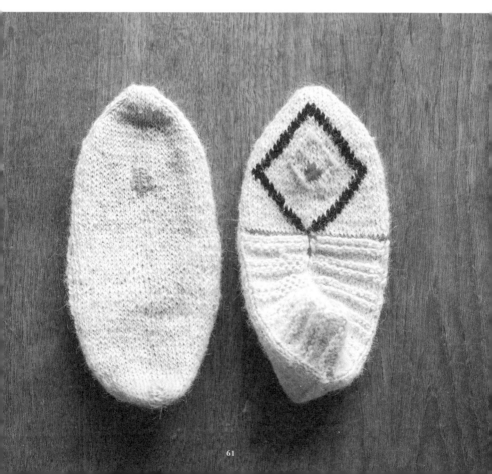

찢어진 손수건에 천을 덧대고
자수를 놓아 튼튼하게 수선
했어요. 찢어진 부분이 커서
원래의 그림대로 복원되지는
않았지만, 또 다른 무늬를 즐
길 수 있게 되었어요.

How To Make

① 올이 풀린 실을 잘라낸
다. ② 찢어진 부분의 안쪽
에 천을 덧댄다. ③ 자수실
2가닥을 자수바늘에 꿰고,
새의 윤곽에 아웃트라인 스
티치를 한다. ④ 새의 몸 부
분에 페더 스티치를 한다.
⑤ 겉에서 보이는 덧댄 천
을 체인 스티치로 메운다.
⑥ 덧댄 천의 여분을 잘라
낸다.

꿰매는 방법 • 천 덧대기 P.48~49, 아웃트라인 스티치 P.80, 페더 스티치 P.85, 체인 스티치 P.79

----
work 10

손 수 건 꿰 매 기

얼룩이나 찢어진 부분이 있어도 안쪽으로 접어 넣으면
사용할 수 있지만, 손수건은 일상적인 기본 소품. 언제
라도 망설임 없이 펼칠 수 있도록 근사한 손수건으로
수선해보세요.

펜 얼룩이 진 손수건. 일부러
얼룩을 그대로 살려 추억을
그리듯 두 개의 점을 작은 사
슬로 이어주었습니다. 이렇게
하면 얼룩도 애틋하게 느껴지
니 참 신기해요.

How To Make

① 자수실 2가닥을 자수바늘에 꿰고, 얼룩과 얼룩을
이어주듯이 체인 스티치를 한다.
꿰매는 방법 • 체인 스티치 P.79

How To Make

/////////////////////////////////

① 무명실을 이용해 사슬뜨기 18코로 시작코를 만들고, 짧은뜨기를 왕복 3단을 뜬다. ② 무명실로 짧은뜨기를 코를 늘려가며 2단까지 원형으로 뜬다. 이것을 4개 만든다. ③ 가방의 찢어진 부분에 뼈다귀 모양이 되도록 ①과 ②를 올려놓고 둘레를 자수실로 공그르기 한다. ④ 자수실 1가닥을 자수바늘에 꿰고, 체인 스티치로 'R'을 수놓는다. ⑤ 방울을 뼈다귀 모양 모티브에 꿰매 단다.

꿰매는 방법 ◆ 사슬뜨기·짧은뜨기 P.87~89, 공그르기 P.77, 체인 스티치 P.79

Before

----
work
11

가
방
꿰
매
기

'클리어파일이 닿아서 해졌다'
는 가방. 해진 부분에 연출로
사용하는 무명실로 뜬 뼈다귀
모양 모티브를 꿰매 붙이고,
애견의 이니셜 자수를 더해주
었어요.

R

가방 자체는 예쁜데
손잡이가 너덜너덜해지고, 얼룩지고……
그렇게 부분적으로 손상된 가방을
멋지게 수선했어요.
튼튼하게 보강해주는 효과도 있습니다.

슈퍼마켓 영수증을 넣어두었던 에코백. 고리에 걸어둔 손잡이가 닳아해져서 루핑 기법으로 수선했어요. 손잡이는 특히 손상되기 쉬우니 익혀두면 유용한 기법입니다.

How To Make
/////////////////////////

① 올이 풀린 실을 잘라낸다.
② 손잡이를 마 소재의 자수실로 루핑한다.

꿰매는 방법 • 루핑 P.86

Before

벌레 먹어 생긴 구멍도 그러데이션 자수실로 감침질하면 멋진 포인트가 됩니다. 얼룩은 일부러 가리지 말고 그 위에 자수를 놓아주세요. 물들인 것처럼 보이는 것이 신기해요.

How To Make
/////////////////////////

구멍 ◆ ① 자수실 2가닥을 자수바늘에 꿰고, 구멍 둘레를 감친다.

얼룩 ◆ ① 자수실 2가닥을 자수바늘에 꿰고, 얼룩 위에 러닝 스티치를 한다.

꿰매는 방법 ◆
감침질 P.77, 러닝 스티치 P.76

스탬프로 얼룩을 가릴 때는
처음부터 옷에 찍는 것이 아니라
한번 종이에 찍어 시험해보고
색상 조화와 디자인을 정해놓으면
실패하지 않고 만들 수 있어요.
약간 구부러져도, 색이 균일하지 않아도
그만의 독특한 멋을 자아냅니다.

지우개 스탬프

가슴 쪽에 생긴 얼룩을 스탬프로 가려주었어요. 지우개의 두 면을 사용
해 다양하게 무늬를 넣어주면 얼룩이 모두 가려지지 않아도 눈에 띄지
않아요.

재료와 도구

- 지우개
- 스탬프 패드 (천용 잉크)
- 헌 신문

1

뒤판에 묻지 않도록 티셔츠 안에 헌 신문이나 골판지 같은 것을 넣는다.

2

지우개의 면이 큰 쪽에 잉크를 묻혀 얼룩 위에 찍어 준다. 한 번 찍을 때마다 잉크를 묻혀 전체적인 조화를 고려해가며 불규칙하게 찍어나간다.

3

지우개의 면이 작은 쪽에 잉크를 묻혀 같은 방법으로 조화를 고려해가며 찍어준다. 마르면 다림질을 하고 완성한다.

면봉에 물감을 묻혀 찍기만 해도
훌륭한 스탬프가 된답니다. 오래
사용해서 색이 바랜 천 가방도 독
특한 멋이 있는 근사한 가방으로
재탄생합니다.

재료와 도구

♦ 면봉
♦ 천 전용
　수성 아크릴 물감
♦ 헌 신문

1

뒤판에 묻지 않도록 가방
안에 헌 신문이나 골판지
같은 것을 넣는다.

2

면봉에 물감을 묻힌다. 작
업하다가 물감이 흐르거나
양이 과하게 찍히지 않도록
안 쓰는 종이에 가볍게 찍
어 면봉에 물감이 스며들게
한다.

3

천 가방에 찍는다. 계속 찍
다 보면 면봉에 보풀이 일
어나므로 몇 번 찍은 후에
는 새 면봉으로 바꿔 사용
한다. 마르면 다림질을 하
고 완성한다.

수건에 있는 무늬를 살려 일본 전통 사시코 자수를 수놓아 만든 걸레

오래 사용해 낡은 타월을 면 소재의 얇은 수건으로 싸서 러닝 스티치를 한 땀 한 땀. 실은 매듭을 묶지 않고 끝까지 사용합니다.
바느질 후 마지막 한 땀을 작게 박음질하면 풀리지 않아요.

입지 않는 옷이나 낡은 타월로
복고풍 생활용품을 만들어보세요.
조금만 신경 쓰면 버려질 뻔했던 물건에
새로운 가치를 더해줄 수 있답니다.

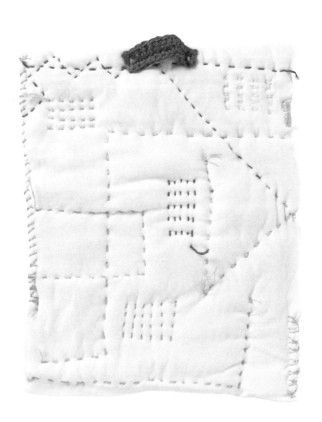

입지 않는 티셔츠를 자투리 실로 한 땀 한 땀

오래 입어 낡은 티셔츠로 타월을 싸서 만든 걸레. 실은 자수를 하고 남은 실을 사용했어요.
실을 다 사용할 때까지 자유롭게 수를 놓은 뒤 겉쪽에서 매듭을 지으면 돼요. 걸이용 고리는 털실로 짧은뜨기를 했습니다.

옷을 샀을 때 싸준 오가닉 코튼 소재의 주머니로 만든 냄비 받침.
안 쓰는 천을 덧대 두께감을 더해주었어요..
다양한 자수를 놓고,
짧은뜨기로 만든 패치를 더해주었습니다.

입지않는 울 조끼를 적당히 자르고,
중간에안 쓰는 천을 넣어 만든 주방 장갑.
잘린 가장자리를 감침질로 마무리해주고
시험삼아 떠본 모티브를 꿰매 달아 포인트를 주었습니다.

73

다 닝 도 구

다닝 머시룸을 구할 수 없어도 주변에 있는 여러 가지 도구들로 대체해서 사용할 수 있습니다. 꿰맬 구멍의 크기에 맞춰 다양하게 활용해보세요.

1. 버섯 모양 오브제. 테이블 위에 놓아두고 그대로 작업할 수 있다. 2. 목각 인형. 몸 부분이 손바닥 안에 들어갈 정도의 크기가 좋다. 3. 뽑기 캡슐. 버리지 않고 보관해두면 근사한 수선용 도구가 된다. 4. 마트료시카. 꿰맬 구멍의 크기에 맞춰 다양하게 사용할 수 있어서 좋다. 5. 손잡이. 문 손잡이나 서랍 손잡이 등 인테리어 용품점이나 생활용품점에서 구입할 수 있다. 6. 돌. 모나지 않은, 강가에 있을 법한 동그스름한 것이 좋다. 7. 스푼. 완만한 굴곡이 구멍을 수선할 때 안성맞춤.

How To Make

꿰매는 방법

기본 스티치부터 구멍을 수선하는 기법까지, 익혀두어야 할 꿰매기 방법을 소개합니다.
구멍이나 얼룩의 모양은 제각각 다르므로 마음에 드는 기법을 조합해가며 수선하는 시간을 즐겨보세요.

러닝 스티치

Page » P.25,26,27,31,46~47,48~49,50,51, 54,55,57,58,59,65

같은 간격으로 겉쪽과 안쪽에 번갈아 바느땀이 보이도록 수놓아가는 가장 일반적인 바느질법. 점선 같은 모양이 생기는 것이 특징. 윤곽선을 수놓을 때도 이용합니다.

① 1로 바늘을 빼내고, 2에 넣어 같은 간격을 띄워서 3으로 빼낸다.
② 4에 넣고 5로 빼낸다. ①~②를 반복한다.

백 스티치 (온박음질)

Page » P.25,46~47,50,56

한 땀 뒤로 되돌아가 진행 방향으로 바늘을 빼내는 가장 기본적인 바느질법의 하나. 재봉틀로 박은 듯 빈틈없이 촘촘한 바느땀이 생깁니다.

① 1로 바늘을 빼내고, 오른쪽의 2에 넣어 1에서 1, 2와 같은 간격을 띄워 3으로 빼낸다.
② 4는 1과 같은 바느땀에 넣는다. ①~②를 반복한다.

반박음질

Page » P.40,54

반 바느땀을 되돌아가며 바느질하는 반박음질은 겉쪽에는 러닝 스티치와 같은 바느땀이 생깁니다. 러닝 스티치보다 튼튼하게 완성됩니다.

① 1로 바늘을 빼내고, 오른쪽의 2에 짧은 바느땀을 넣어 1, 2의 2배 간격을 띄워서 3으로 빼낸다.
② 4는 1과 3의 중간 위치에 넣고, ①~②를 반복한다.

공그르기

Page » P.12,13,15,28~29,31,32,33,38~39, 44,46~47,52,61,63

치맛단이나 바짓단처럼 겉으로 바늘땀이 보이지 않게 꿰맬 때 이용하는 바느질법. 이 책에서는 레이스나 모티브를 꿰매 달 때 이용했습니다.

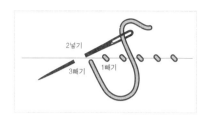

1로 바늘을 빼내고, 2를 살짝 뜬 다음 3으로 빼낸다. 같은 방법으로 반복한다.

감침질

Page » P.26,27,30,41,42~43,48~49,50,52, 53,65

바늘로 천의 끝부분을 떠서 감아주듯이 꿰매나가는 바느질법. 천을 꿰매 잇거나 올이 풀린 부분을 감칠 때 이용합니다.

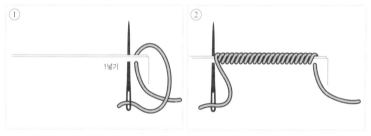

1에 바늘을 넣고 안쪽으로 빼낸다. 같은 방법으로 반복한다.

바느질 시작과 끝 부분에 매듭을 짓지 않는 방법

바느질 시작 부분

시작할 때 안쪽에 실 끝을 7~8㎝ 남겨두고 바느질이 끝난 부분의 실 끝을 처리한 다음, 시작 부분의 실 끝을 바늘에 꿰고 끝부분과 같은 방법으로 실을 바늘땀 안으로 통과시킨 뒤 자른다.

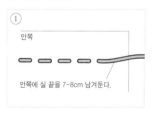

바느질 끝부분

안쪽 바늘땀 안으로 4~5번 바늘을 통과시킨 뒤 자른다.

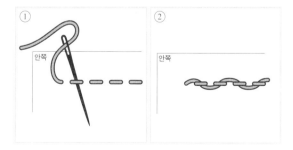

다닝 (구멍 꿰매기)

유럽의 전통적인 의류 수선 기법. 다닝 머시룸을 사용해 직물처럼 세로실과
가로실을 서로 교차시켜 엮어나갑니다.

Page » P.10~15,36,37,45,51,58,59,60

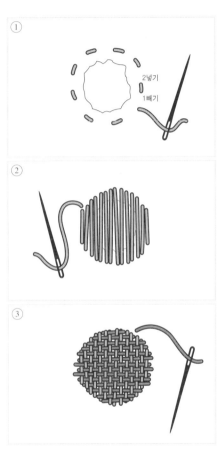

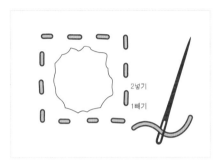

윤곽을 사각형으로 만들 경우

윤곽을 사각형으로 수놓은 다음, 왼쪽의 과정 ②~③과 같은
방법으로 세로실과 가로실을 통과시킨다. 윤곽선의 모양을
바꿔주면 타원형이나 장방형으로도 응용할 수 있다.

① 구멍보다 조금 더 크게 러닝 스티치를 한다.
② 세로실을 건넨다.
③ 세로실을 한 가닥씩 걸러가며 뜨는데, 이때 아래쪽에서 위쪽
으로 진행하며 가로실을 통과시킨다.

구멍이 클 경우

가운데에서
아래쪽으로

구멍이 클 경우는 가운데에서 시작해 아래쪽으로 진행하며
가로실을 통과시킨다. 아랫부분까지 메워지면 새 실로 바꿔
가운데에서 위쪽으로 진행하며 가로실을 통과시킨다.

체인 스티치

Page » P.34,36,45,55,62,63

이름대로 체인(사슬) 모양의 바늘땀이 생기는 것이 특징. 선을 그을 때 이외에도 윤곽을 메울 때도 이용합니다.

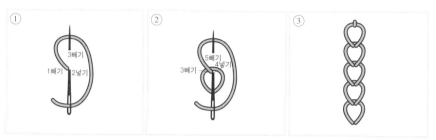

① 1로 바늘을 빼내고, 2는 1과 같은 구멍에 넣는다. 3으로 바늘을 빼내고, 실을 왼쪽에서 오른쪽으로 걸어준다.
② 4와 3은 같은 구멍에 넣는다. ①~②를 반복한다.

블랭킷 스티치

Page » P.25,26,40

블랭킷(담요)의 가장자리를 감칠 때 주로 이용하는 바느질법. 가장자리를 처리할 때 이외에도 천을 맞대어 꿰맬 때도 이용합니다.

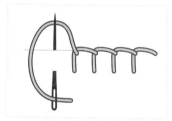

천을 한 땀 떠서
실을 걸고
바늘을 빼낸다.

프렌치 노트 스티치

Page » P.27,42~43,45,53

동물의 눈이나 꽃, 나무의 열매나 꽃술을 표현할 때 이용하는 스티치. 실을 감는 횟수나 실의 가닥 수로 크기를 조절할 수 있습니다.

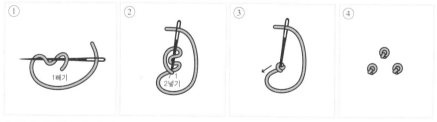

① 1로 바늘을 빼내고, 바늘에 3번 실을 감는다.
② 1의 바로 옆에 바늘을 반 정도 넣는다.
③ 앞쪽으로 실을 잡아당기고 천 바로 위에 매듭이 생기도록 바늘을 안쪽으로 빼낸다.

아우트라인 스티치

Page » P.53,59,62

이름대로 아우트라인(윤곽선)에 주로 이용하는 스티치. 곡선을 수놓을 때는 바늘땀을 약간 작게 수놓으면 예쁘게 완성됩니다.

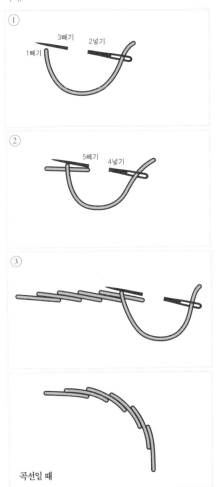

곡선일 때

① 1로 바늘을 빼내고, 2에 넣어 3은 반 땀 정도 되돌아간 위치로 빼낸다.
② 4는 1, 2와 같은 간격을 띄워 바늘을 넣고, 5는 2의 위쪽으로 빼낸다.
③ '바늘땀 한 땀만큼 나가고 반 땀 되돌아가기'를 반복한다.

스트레이트 스티치

Page » P.31,40,46~47,50,51,57,60

직선을 수놓는 기본 스티치. 러닝 스티치는 앞쪽으로 진행하지만, 스트레이트 스티치는 한 땀씩 자유롭게 수놓습니다.

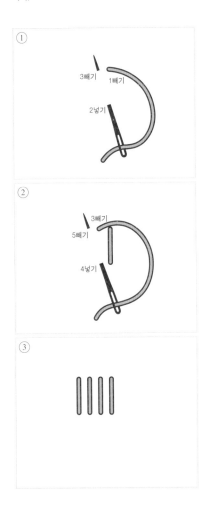

① 1로 바늘을 빼내고, 2에 넣어 3으로 빼낸다.
② 4에 바늘을 넣어 5로 빼낸다. ①~②를 반복한다.

리프 스티치　　Page » P.46~47

리프(잎)를 수놓을 때 이용하는 스티치. 잎의 끝부분을 아래쪽으로 향하게 하여 아래쪽에서 위쪽으로 수놓아갑니다. 가운데 스티치의 길이로 실의 밀도를 조절할 수 있습니다.

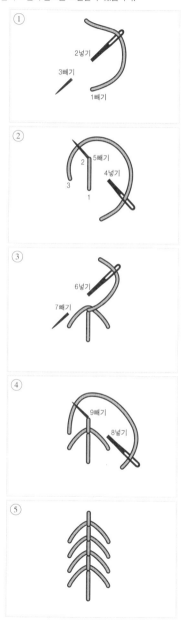

크로스 스티치　　Page » P.23,24,31

천의 가로세로로 올이 겹쳐진 부분에 'X' 모양이 되도록 실을 교차시켜 수놓아가는 스티치. 실은 한 방향으로 교차되도록 수놓아갑니다.

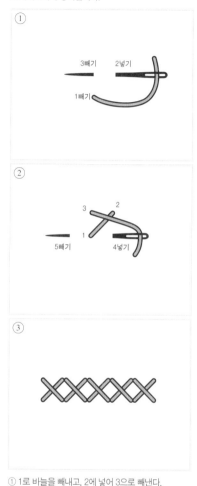

① 1로 바늘을 빼내고, 2에 넣어 3으로 빼낸다.
② 4에 바늘을 넣어 5로 빼낸다. ①~②를 반복한다.

---

① 1로 바늘을 빼내고, 2에 넣어 3으로 빼낸다.
② 4에 바늘을 넣어 5로 빼낸다.
③ 6에 바늘을 넣어 7로 빼낸다.
④ 8에 바늘을 넣어 9로 빼낸다. ①~④를 반복한다.

새틴 스티치

Page » P.57

윤곽선 안을 색칠하는 것처럼 면을 메워나가는 스티치. 새틴처럼 광택이 있는 것이 특징. 밑 자수를 놓은 다음 그 위에 스티치를 겹쳐주면 입체감이 생깁니다.

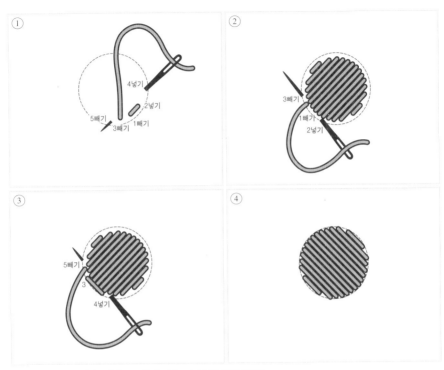

① 밑 자수로 새틴 스티치를 한다. 1로 바늘을 빼내고, 2에 넣어 3으로 빼낸다. 4에 바늘을 넣어 5로 빼낸다. 같은 방법으로 반복한다.
② 마무리로 새틴 스티치를 한다. 1로 바늘을 빼내고, 2에 넣어 3으로 빼낸다.
③ 4에 바늘을 넣어 5로 빼낸다. ①~③을 반복한다.

새틴 스티치 (별 모양)

별을 다섯 부분으로 나눠 새틴 스티치로 메워나가는 방법. 마지막에 윤곽에 백 스티치를 수놓으면 모양이 뚜렷해 보입니다.

①

②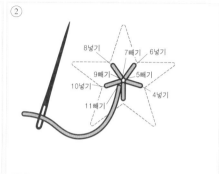

③

④

⑤

① 러닝 스티치(76쪽)로 윤곽을 촘촘히 수놓는다.
1로 바늘을 빼내고, 2에 넣어 3으로 빼낸다.
② 스트레이트 스티치(80쪽)를 방사형으로 수놓는다.
③ 새틴 스티치(82쪽)의 ①~③ 방법으로 수놓는다.
④ 윤곽을 백 스티치(76쪽)로 수놓는다.

애스터리스크 스티치

Page » P.27,31,46~47

'작은 별'이 어원인 애스터리스크를 수놓을 때 이용하는 스티치. 실 길이를 동일하게 수놓는데, 처음 한 땀만 짧게 하여 가로로 넓은 모양을 만들기도 합니다.

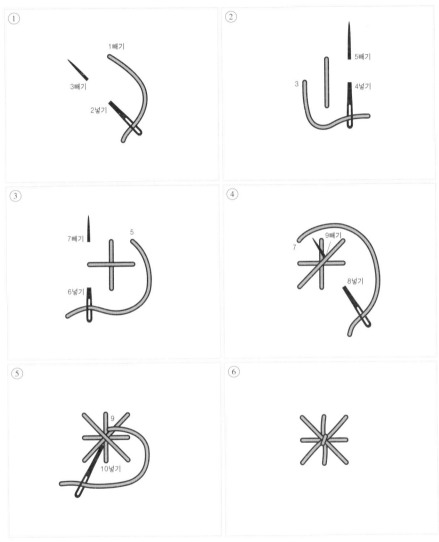

① 1로 바늘을 빼내고, 2에 넣어 3으로 빼낸다.
② 4에 바늘을 넣어 5로 빼낸다.
③ 6에 바늘을 넣어 7로 빼낸다.
④ 8에 바늘을 넣어 9로 빼낸다.
⑤ 10에 바늘을 넣은 다음, 안쪽의 바늘땀 안으로 통과시킨 뒤 실을 자른다.

페더 스티치

Page » P.62

페더(깃털)의 의미대로 새의 깃털 같은 모양의 스티치.
오른쪽 왼쪽을 번갈아가며 수놓기 때문에 역동성이 느
껴지는 자수를 놓을 수 있습니다.

스파이더 웹 스티치

Page » P.38~39

애스터리스크 스티치에 실을 감아주면 스파이더 웹(거미줄)
같은 무늬가 생깁니다. 실을 감을 때 천은 뜨지 않습니다.

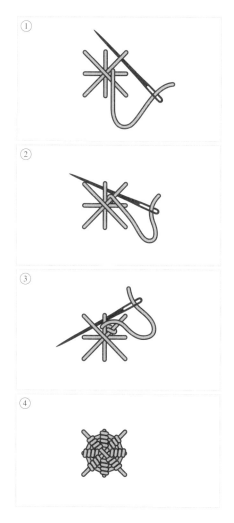

① 1로 바늘을 빼내고, 2에 넣어 3으로 빼낸다.
② 4에 바늘을 넣고, 5는 건넨 실 위로 빼낸다. ①~②를
반복한다.

① 애스터리스크 스티치(84쪽)의 ①~④ 방법으로 수놓는다.
② 실을 1가닥 뜬다.
③ ②에서 뜬 실과 그다음 실 밑으로 바늘을 통과시킨다. ②~
③을 반복한다.

카우칭 스티치

Page » P.46~47

천 위에 바탕실을 걸쳐놓고, 바늘땀을 수직으로 넣어 다른 실로
고정시키는 스티치. 부드러운 곡선을 표현할 수 있습니다.

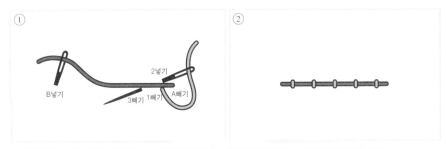

도안에 맞춰 A로 실을 빼내서 B에 넣는다. 다른 실을 1로 빼내고, 2에 넣어 3으로 빼낸다. 같은 방법으로 반복한다.

루핑

Page » P.64

실을 나선형으로 둘러 감아 보강해주는 방법. 감은 부분 안으로
매듭을 넣어주면 깔끔하게 완성됩니다.

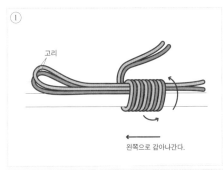

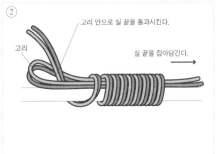

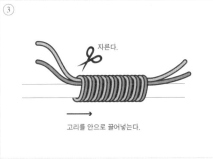

① 실 5가닥을 반으로 접어서 감고 싶은 부분에 대어
놓고, 다른 실로 오른쪽에서 왼쪽으로 감아나간다.
② 감던 실의 끝 부분을 고리 안으로 통과시키고, 오른
쪽 실 끝을 잡아당긴다.
③ 고리를 감은 실 안으로 끌어들인 뒤 실을 바짝 자
른다. 오른쪽 실 끝은 가지런히 잘라 술 장식으로 사용
한다.

코바늘 뜨기

실 끝으로 고리를 만들어
원형으로 뜨는 방법

(2번 감기)

⑦ 실 끝을 당겨 조인다.
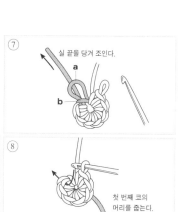
a
b

① 실 끝

② 고리를 손가락에서 빼낸다.

③ 기둥코인
사슬코를 뜬다.

④ 짧은뜨기를 뜬다.

⑤ 살짝 잡아당긴다.

⑥ a 실을 끌어낸다.
a
b
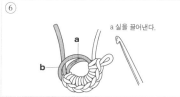

⑧ 첫 번째 코의
머리를 줍는다.

⑨ 약간 팽팽하게
당겨 빼낸다.
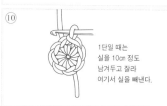

⑩ 1단일 때는
실을 10cm 정도
남겨두고 잘라
여기서 실을 빼낸다.

⑪ 기둥코인 사슬코 1코

⑫ 짧은뜨기
2코를 뜬다.

⑬

뜨개 기호 짧은뜨기

① 1단째

기둥코
사슬코 1코
시작코

②

③

④

1코

8코 뜬 모습

앞쪽으로 돌린다.

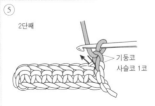

⑤ 2단째

기둥코
사슬코 1코

⑥

 사슬뜨기

①

②

③

잡아당긴다.

④

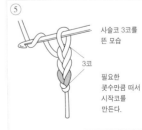

⑤ 사슬코 3코를
뜬 모습

3코

필요한
콧수만큼 떠서
시작코를
만든다.

뜨개 도안

원형

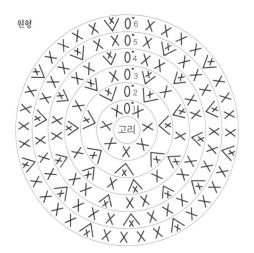

콧수표

단	코	코 늘리기
6	42	
5	35	
4	28	각 단 7코 늘리기
3	21	
2	14	
1		7코 뜨기

타원형

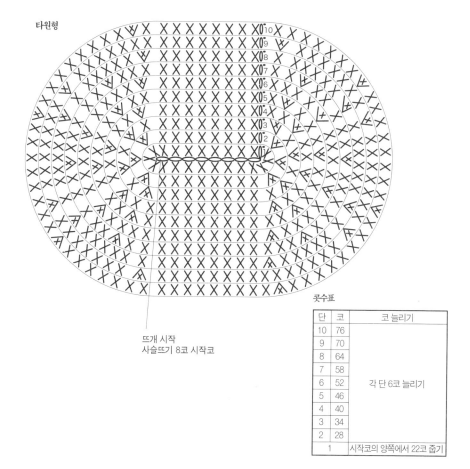

뜨개 시작
사슬뜨기 8코 시작코

콧수표

단	코	코 늘리기
10	76	
9	70	
8	64	
7	58	
6	52	각 단 6코 늘리기
5	46	
4	40	
3	34	
2	28	
1		시작코의 양쪽에서 22코 줍기

꿰
매
는

생
활

초판 1쇄   발행 2018년 8월 24일
초판 2쇄   발행 2021년 9월 15일

지은이   미스미 노리코
옮긴이   방현희
발행인   윤호권·박헌용

발행처   (주)시공사
출판등록   1989년 5월 10일(제3-248호)
주소   서울시 성동구 상원1길 22 7층 (우편번호 04779)
전화   편집 (02)3487-2814 마케팅 (02)2046-2800
팩스   편집·마케팅 (02)585-1755
홈페이지   www.sigongsa.com

ISBN   978-89-527-9271-6   13590

미호는 아름답고 기분 좋은 책을 만드는 (주)시공사의 라이프스타일 브랜드입니다.